四大名石故事

◎ 主编 金开诚

◎ 编著 李琳琳

吉林出版集团有限责任公司

吉林文史出版社

图书在版编目（CIP）数据

四大名石故事 / 李琳琳编著 . 一长春：吉林出版
集团有限责任公司，2011.4（2022.1重印）
ISBN 978-7-5463-4967-1

Ⅰ.①四… Ⅱ.①李… Ⅲ.①石－文化－中国 Ⅳ.
① TS933

中国版本图书馆 CIP 数据核字（2011）第 053441 号

四大名石故事

SIDA MINGSHI GUSHI

主编／金开诚 编著／李琳琳

项目负责／崔博华 责任编辑／崔博华 高原媛

责任校对／高原媛 装帧设计／李岩冰 董晓丽

出版发行／吉林文史出版社 吉林出版集团有限责任公司

地址／长春市人民大街4646号 邮编／130021

电话／0431-86037503 传真／0431-86037589

印刷／三河市金兆印刷装订有限公司

版次／2011 年 4 月第 1 版 2022 年 1 月第 3 次印刷

开本／640mm×920mm 1/16

印张／9 字数／30千

书号／ ISBN 978-7-5463-4967-1

定价／34.80元

编委会

关于《中国文化知识读本》

　　文化是一种社会现象，是人类物质文明和精神文明有机融合的产物；同时又是一种历史现象，是社会的历史沉积。当今世界，随着经济全球化进程的加快，人们也越来越重视本民族的文化。我们只有加强对本民族文化的继承和创新，才能更好地弘扬民族精神，增强民族凝聚力。历史经验告诉我们，任何一个民族要想屹立于世界民族之林，必须具有自尊、自信、自强的民族意识。文化是维系一个民族生存和发展的强大动力。一个民族的存在依赖文化，文化的解体就是一个民族的消亡。

　　随着我国综合国力的日益强大，广大民众对重塑民族自尊心和自豪感的愿望日益迫切。作为民族大家庭中的一员，将源远流长、博大精深的中国文化继承并传播给广大群众，特别是青年一代，是我们出版人义不容辞的责任。

　　《中国文化知识读本》是由吉林出版集团有限责任公司和吉林文史出版社组织国内知名专家学者编写的一套旨在传播中华五千年优秀传统文化，提高全民文化修养的大型知识读本。该书在深入挖掘和整理中华优秀传统文化成果的同时，结合社会发展，注入了时代精神。书中优美生动的文字、简明通俗的语言、图文并茂的形式，把中国文化中的物态文化、制度文化、行为文化、精神文化等知识要点全面展示给读者。点点滴滴的文化知识仿佛繁星，组成了灿烂辉煌的中国文化的天穹。

　　希望本书能为弘扬中华五千年优秀传统文化、增强各民族团结、构建社会主义和谐社会尽一份绵薄之力，也坚信我们的中华民族一定能够早日实现伟大复兴！

目录

一、石中之帝——寿山石

中国是个盛产名石而且石文化积淀非常丰厚的国家。自古以来达官贵人几乎无不以石为伴、以石为友。例如在园林中有石置、案头有石镇、室挂绘石之画、腰配名石雕件。爱石、好石、藏石、玩石之风千百年来长盛不衰，就是普通老百姓也知道大理石、鸡血石、雨花石等名石。

名贵而又有特色的石头越来越多地成为一个国家和民族的象征，有的甚至

被誉为某个国家的国石。早在十多年前，我国的一些玉石文化爱好者及部分专家就建议评选"中国国石"。2003年6月召开了中国国石工作研讨会，百余名专家对原定的10种候选石（寿山石、青田石、昌化石、和田玉、岫岩玉、独山玉、巴林石、绿松石、华安玉、台湾珊瑚）进行了反复的推敲和筛选，于同年7月底确定了"四石二玉"——岫岩玉、和田玉、昌化石、寿山石、巴林石、青田石为正式候选国石。由于寿山石、青田石、昌化石、巴林石同属于工艺美术石材中的著名彩石，以其色彩绚丽、质地细腻、纹理自然、硬度适中而备受篆刻家及雕刻家们的青睐，自此便并称为我国的"四大名石"，也称"四大印石"。

玉石乃自然之物，是大自然对人类的美好馈赠品。四大名石可以说是我国古代的"四大美女"，且各具风格和品性，作为"玉石之国"的子民，我们对玉石的喜爱和敬重、对玉石的浓厚情感，是世界上任何一个民族都无法比拟的……

福建省福州市北郊四十公里处有一个名叫"寿山"的小山村，举目四望，那里群山环抱，寿山、九峰和芙蓉三座主峰屹立其间，寿山石矿脉分布在小村四周的群山溪野间及福州、连江与罗源交界的"金三角"地带。如果以矿脉走向分，又可以分为高山、旗山、月洋三系。寿山石质地通灵脂润、凝腻柔美，纹理婀娜多姿、气象万千，色泽五彩缤纷、斑斓绚烂，在石头世界里，称得上是国色天香、倾国倾城，成为历代文人墨客赋诗赞美的对象。不少赞颂寿山石的诗篇，脍炙人口，至今仍为人们所吟诵。有的文章甚至将其比做美淑德贤的化身："色泽清丽，含蓄典雅，美也；柔润温和，顺应镌琢，淑也；晶莹透彻，混沌氤氲，德也；上可伴大夫，下能亲平民，贤也。"

寿山石形成于距今约2.3—0.7亿年的

侏罗纪，当时福州出现了重大的地质运动，大量的岩浆喷出地表，形成火山碎屑岩。在火山喷发的间隙期，大量的酸性气体、热液活动，交替地分解着岩石中的长石类矿物，将钾、钠、镁、铁等杂质淋失，残留下来的较稳定的铝、硅等元素在一定的物理条件下，或重新结晶成矿，或由

岩石中溶解出来的硅、铝质胶体沿着岩石的裂隙凝结晶化，形成了五彩斑斓、色泽瑰丽的寿山石矿。寿山石的矿物成分以叶蜡石为主，其次还含有石英、水铝石和高岭石，以及少量黄铁矿。

寿山矿区开采的时间很早，在宋代就有了批量开采的记载，南宋黄干的七绝诗《寿山》中写道："石为文多招斧凿，寺因野烧转荧煌。"诗的意思是说由于寿山石的纹理好看而被人们开采和雕琢，成为第一首吟咏寿山石的诗句。著名篆刻家、画家、"黄山派"代表人物之一的安徽人梅清写的《寿山印石歌》中有"迄

来寿山更奇绝，辉如美玉分五色"，极力赞美寿山石，就连其住处也称为"拜石轩"。金庸先祖查慎行曾作《寿山田石砚屏歌》，洋洋洒洒的34句长诗，描画了寿山石的美丽，"天谴瑰宝生闽中""地示爱宝惜不得，飞上君家几砚为屏风"。从这些诗句就足以看出文人墨客对寿山石的喜爱。明朝以后，寿山石开始应用于印章材料，后来成为我国传统的"四大印石"之一。

其实，在地质学家揭开寿山石的成因之前，就有许多美丽的传说为寿山石的由来增添了传奇色彩，下面就给大家介绍一下流传比较广的几个传说。

传说之一：女娲遗石在人间。相传在"混沌初开，乾坤如奠"的时候，女娲氏驾着祥云遨游在苍穹之中，见到苍三山峰，泱泱寿溪水，竟打动了这位仙女的心，她将补天用的斑斓彩石，播撒在寿山的田野山林和溪河之间。这天上的彩石，撒在寿山溪畔一带的良田沙滩中堆积，经后来自然条件的改造和堆积环境的差异，有的变成了金灿灿、黄澄澄的"石中之王"田黄石；有的形成了花田石、黑田石、白田石以及硬田石；有的落在溪水及河流中形成了鹅卵状的溪蛋石、溪管石以及在水洞中堆积的牛角冻、水晶冻、玛瑙冻及环冻；而更多的彩石则撒在了连绵不断的山冈上和山坡沙地中，形成了名目繁多的寿山石品种，如高山石、旗降石、大山石、芙蓉石、杜棱石、全狮峰以及牛蛋石、鹿目田、鲎箕石、坑头田等宝石，这就成了"天遗瑰宝留闽中"之佳话传奇故事。

关于"女娲遗石在人间"还有一说。传说在很久很久以前，天塌地陷，中华民族的伟大母亲女娲，为了拯救人类，曾经炼石补天，女娲补天之后，还剩下许多大小不一的灵石，于是她在神州大地上空巡视，最后发现福州寿山山林清幽，景致绝美，于是把这些曾经用于补天的灵石

撒向了寿山的大地，这就是寿山水田中的田黄石。关于寿山石、田黄石的传说更加令人神往。在我国960万平方公里的土地上，甚至在整个地球上，为什么只有寿山的水田里才有这种珍贵的宝石，仿佛真是女娲对寿山特别眷顾的结果。

传说之二："凤凰彩卵留人间"。相传，天帝御前的凤凰女神奉旨出巡到福州北峰郊区的寿山，在寿山秀丽景色的吸引下，途中降下云端，在寿山的幽林山野中憩息片刻，喝了金山顶的天泉水，又食了猴潭的灵芝果，在寿山溪的清泉中沐浴戏水，之后，便枕着高大的山峰酣然入睡。当她一觉醒来的时候，百鸟正朝她歌唱，此时山花也为她怒放，而她身上的羽毛也变得更加鲜艳，更加流光溢彩，体态愈加雍容华贵，令她对寿山产生了思恋之情。离别之际，她依依不舍，离愁无限，她希望自己的后代能在这秀丽无比的山间阔地繁衍生息，于是凤凰女神留下一枚彩卵，而这枚彩卵后来就变成了晶莹璀璨、五颜六色的寿山石。

传说之三：仙人遗棋子。陈长寿捡石发大财的传说说过去北峰的寿山不叫寿山。山下住着个樵夫叫"陈长寿"，十分喜欢下棋，而且棋艺很高。有一天，陈长寿上山看见两个老人在一块大岩石上下棋，就站在旁边看得入了迷。两个老人觉

得有趣，便说："先生，难道你也懂得下棋？"陈长寿点点头笑着说："颇懂得一些。"两个老人都高兴起来："那好，我们同先生下几盘棋。"想不到，下了几盘棋，陈长寿都赢了。老人说："想不到人间有棋艺这么高的棋手。今天我们都输给了你，没有什么好送的，就将这一盘棋子给你吧！今后你也不必去砍柴了，自有好日子过。"说罢化作一阵风走了。陈长寿知道两个老人必是神仙，忙收拾了残棋，跪在大岩石上朝着苍天叩谢仙人的送棋之恩。

陈长寿得了一盘棋子，依然没有忘记要砍了柴再回家。他一边砍着柴，一边还

想着下棋的事。谁知一不小心，袋子里的棋子掉在了地上。正当他想捡起来时，一颗颗棋子忽然间都变成了五颜六色的小石头。而且小石头又不断长成大石头，大石头又生下小石头。他捡着捡着，一时也捡不完。陈长寿并不贪心，他捡了一些小石头，便挑着柴火回家了，并对妻子说了神仙赠棋的事。妻子说："你真傻,这些石头说不定都是宝贝,可以卖许多钱。明天你也不用去砍柴了。我们一起到山上去捡石头吧。"自此陈长寿夫妇天天上山捡石头。每天天色将暗时,石头也差不多捡尽了,可是第二天又会生出许多石头。

陈长寿捡了石头后挑到福州,果然卖了许多钱。自此陈长寿发了大财,出了名。这座山也以他的名字命名为"寿山"。那些小石头也称为"寿山石"。

(一)寿山石的分类

寿山石是一个很大的家族,迄今为止已经有150多个品种。清代毛奇龄先生在其《后观石录》中说:"收藏家分别其旧藏者,以田坑为第一,水坑次之,山坑又次之。"这种划分寿山石的方法称为"三分法",这个方法对后世的影响极为深远。

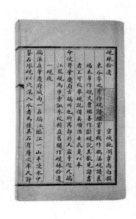

1.田坑石

顾名思义，就是指田地里的石头，田坑石产在寿山村总面积不到1平方千米的寿山溪底及溪旁水田至岩石面约10余米厚的冲积泥沙层中，由于长期埋藏在泥沙当中，它们多是天然独立的石块，一般体积不大。田坑石一般都是无根之石，既不和山体的岩石相连，也没有矿脉可寻，呈非常自然的块状，没有明显的棱角，深埋于距地面一至两米深的田地里，寻找它可谓是"踏破铁鞋无觅处"，完全是可

　　遇而不可求。田坑石的形成可以追溯到百万年以前，寿山矿脉的部分矿石因为地壳运动从矿床中分离了出来，滚落到低凹的溪涧里，经过长时间水的冲刷、翻滚，磨掉了棱角，去除了其中的杂质，后又逐渐被沙土及有机质掩埋了，而且受到含有矿物质的地下水的长期滋润，不断发生着质的变化。田坑石石质温润、光嫩圆滑，呈微透明或半透明状，显得十分细腻、可爱。田坑石中比较有代表性的有田黄石、白田石、黑皮田、黑田石、红田石、灰田石、花田石。

　　田黄石可谓是田坑石中最珍稀的石种。在寿山，关于田黄石还有一个美丽的传说：女娲补天之后，还剩下许多大小不一的灵石。于是她在神州大地上空巡视，最后发现福州寿山的山川岚气藏纳、林壑清幽、景致绝美，就把这些曾经用于补天的灵石撒向了寿山的大地，这就是蕴藏于寿山水田中的"田黄石"。在明清时期，田黄石因为占有"福"（产在福建）"寿"（寿山出产）"田"（象征财富）"黄"（皇室的专用颜色）的寓意而受到帝王、皇室的喜爱，因此又被称为"帝石"。

　　田黄石的质地非常透明、坚硬，但不脆，色泽娇嫩可爱，肌理细致，有萝卜状细纹（萝卜纹是田黄石的一大特色），并汇集细、洁、温、凝、润、腻六大优点于一身，享有"万石之王"的美誉。由于色泽质地的细微差别，田黄石又有优劣之分。其中，田黄冻为田黄石中的最上品，它像凝固的蜂蜜一样通体透明，润泽光洁，有

萝卜纹。另外还有"银裹金",就像剥了皮的新鲜鸡蛋,外表生有一层浅色白皮,明亮光泽,中心呈艳黄色。"鸡油黄"的表面有一层类似鸡油的表皮,石质坚实细密,凝腻湿润。"田白石"也就是白色的田黄石,它的石质如冰似玉,石中隐约带有赭红色,分外醒目,这些都是田黄石中的上品。

田黄石产于三个地段,分别是上坂、中坂和下坂。上坂是指水漂好的寿山溪上游的地区,这里出产的田黄石有通灵感,透明度高,似玻璃一样明亮光泽,颜色以略带微黄的白色为主。田黄石中的上品"田黄白"和"银裹金"都产自上坂区。中坂区位于寿山溪的中段,这里所产的石头标准而且规范,石质比较湿润和干净,色泽较浓,石头中的萝卜纹纹理清晰细密,田黄石中的"黄金黄""橘皮黄""枇杷黄""金裹银""鸡油黄"等品种皆产于中坂区。下坂区出产的田黄石石质透明度不好，大多呈桐油色、暗赭色，纹理粗糙，是石中的下品。

白田石也就是白色的田坑石。它质地细腻、状如凝脂，微透明，颜色有的为纯白，有的白中带嫩黄或淡青。石皮越往里层，色地越淡，如羊脂玉般温润，萝卜纹、红筋清晰明显，有如血色红烟，丝丝缕缕飘逸于白绫绸缎之中，如冰似玉，石中的红纹分外醒目。可以说，白田石的上品绝不亚于田黄石。

红田石是红色的田坑石，根据成因的不同又可以分为"自然红"和"后天红"。"自然红"是"天生丽质"，原生自然就是红色，色如橘皮，红中带赭，所以也称橘皮田红石，它的石质细嫩凝润，微微透明，肌理中暗含萝卜纹，是很稀有的石种；"后天红"石农又称其为煨红田石，是后天炙灼煨烤所变，极为少见，因为经过火烤后，石质变得易裂，不能与

"自然红"相媲美。

黑田石石质细嫩，富有光泽，肌理的萝卜纹呈流水状，产于铁头岭一带。

黑皮石又称"乌鸦皮"，色泽一般为桂花色，外表如漆似炭，皮色浓淡多变，皮层厚薄不一，呈块状或条状，外表的黑皮和里面的黄色反差极大。

灰田石是浅灰色或深灰色的田石。石质通灵透明，肌理萝卜纹清晰可见，多有黑点掺杂其间，泛有赭黄色。

花田石又称为"五彩田黄石"，是一种红、黄、青等杂色相间的田石。同样有

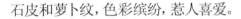

石皮和萝卜纹，色彩缤纷，惹人喜爱。

2.水坑石

水坑石是产于寿山乡东南部处于潜水面之下坑洞中的寿山石。一般都是结晶石，因长期的水岩作用，呈透明状，光泽度高，一般呈蜡状光泽甚至油脂光泽，越是坑深的地方，所采石材越是透明晶莹，由于石料长期浸于水中，经受水的侵蚀，所以称为"水坑"。水坑石棱角分明，没有石皮，断口鲜艳，颜色内外一致，偶尔含有"萝卜纹"和"红筋"，质地比较坚硬。寿山石中的"晶""冻"多出于此处。这类石头是寿山石中的上品石，比较好的有水晶冻、鱼脑冻等。

水晶冻产于坑头洞或水晶洞，由于肌理透明，宛如水晶，因而被称为"水晶

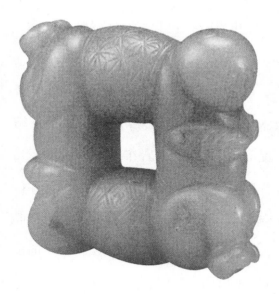

冻"。其石质凝结，较为珍贵。因颜色不同又可分为白水晶、黄水晶、红水晶。白水晶以白如凝脂为贵，其产量较多；黄水晶色如琵琶，产量较少；红水晶色如桃花而透明。还有一种红黄相间的被称为"玛瑙晶"。

鱼脑冻呈乳白色，透明度较高，温润莹洁，肌理中带有纹理，像熟的鱼脑，所以被称为"鱼脑冻"。

坑头冻是坑头洞中所产的除归入水晶等冻以外的所有冻石的总称。这些石头产于坑头沙土中，由于地下水丰富，矿石久受侵蚀，因而多呈透明状，表面有光泽，石质稍坚，肌理有棉花纹及白晕点。这种石头温润可爱，纯洁通灵，常见的有红、黄、灰、白、蓝等颜色。有关坑头冻石，高兆在《观石录》中说："水坑上品，明泽如脂，衣缨拂之有痕。"历代收藏家因其质纯而难得，所以对其倍加珍惜。其精品的身价不在田坑石之下。

桃花冻石质温润，油脂光泽。白色半透明状，肌理中含有粉红色或鲜红色点，有疏有密，浓淡掩映，就像桃花落入水中随波荡漾，时起时伏，娇艳无比。就像唐代大诗人杜甫的诗中所说："桃花一簇深

无主，可爱深红间浅红。"清代的毛奇龄在《后观石录》中也称桃花冻："如酿花天，碧花、红花嫣然，一名桃花天。"寿山石中除田黄石外，就属水坑最罕见、有百年珍稀之称的桃花冻了。

3.山坑石

山坑石分布于寿山、月洋两个山村，石质随脉系及产地的不同而各具特色。一般多以产地命名，或以色相取号。山坑石的品种和数量为寿山石之冠。现在所产的印材石料大部分都是山坑石。寿山矿区的主要产地是高山矿脉，高山是寿山村的主轴山，其寿山石石种最多、储量最大、开采最早；月洋矿区距寿山约十公里，产量相对较少，又称为加良山矿脉。

高山是寿山村的主轴山，高山矿脉是指寿山溪的源头，坑头的山上蕴藏着寿山石的地带。高山上的寿山石品种丰富，包括：（1）红高山石：红高山石是红色高山石的统称。按颜色的深浅浓淡可以分为桃花红高山石、美人红高山石、荔枝红高山石、晚霞红高山石、朱砂红高山石、酒糟红高山石、玛瑙红高山石等等。朱砂红高山石又名高山鸽眼砂石，质地微脆略坚，通体呈半透明，朱红的机体中布满了颜色各异的红色斑点，点中偶尔有金沙，闪闪发光，惹人喜爱。（2）大洞高山石，它产于古洞，位于和尚洞尾部下方，是明代僧侣开凿出的洞，因为洞深并且广，故称大洞。所产石材，性质坚硬，有红、白、黄等颜色，时有透明、半透明的晶冻出现。

（3）白高山石：它是通体纯白的高山石的统称，其产量高于各种高山石。（4）黄高山石：是指纯黄色的高山石，石质细腻，

纯洁如蜜蜡，上品者可以与田黄石相媲美。高山矿脉中比较有名的还有巧色高山石、高山冻石、高山晶石、掘性高山石、高山桃花洞石、高山牛角冻石、水洞高山石、新洞高山石、白水黄、太极头等等。

都成坑矿脉在寿山东侧的都成坑山。矿脉夹杂在坚硬的围石中间，被称为"粘岩性石线"。此石的结晶性较高，质地比较坚硬，透明性强且富有光泽，肌理常有并列的弯曲条纹，如水波荡漾，并伴有灰色的石波和色斑。都成坑矿脉所产石种包括：都成坑石、白都成坑石、红都成坑石、黄都成坑石、花都成坑石、都成矿晶石、掘性都成矿石、鹿目格石、尼姑楼石、月尾石、艾叶绿石。

善伯洞矿脉在寿山村东南部寿山溪下游，与都成矿山隔溪相望，同月尾山相邻。善伯洞也称八仙洞。清朝咸丰、同治年间，石农善伯在此洞采石的时候不幸在塌方中被压死，后人为了纪念他，以他

　　的名字为此洞命名。善伯洞石石质温润细腻，半透明，肌理多含金沙点和粉白状"花生糕"，颜色极多。人们常称赞其："红如桃花，黄如蜜蜡，白如水晶，赤如鸡冠，紫如茄皮，种种俱备。"善伯洞矿脉产石主要种类有：红善伯洞石、白善伯洞石、黄善伯洞石、银裹金善伯洞石、善伯晶石、善伯尾石等。

　　加良山矿脉位于寿山村南面约8公里的加良山一带，在都成矿山的南面，又称月洋矿脉。加良矿脉所产的寿山石品种有：芙蓉石，它出产于月洋山顶峰。石质极为温润、细腻，虽然不太透明，但是非常娴雅。比石开采于明末清初，其以"玉而非玉"的特质备受文人雅士的宠爱。另外还有红芙蓉石、黄芙蓉石、半山石、芙蓉青石、白芙蓉石、红花冻芙蓉石、峨眉石等。

（二）寿山石的历史和现状

福州寿山石品种繁多，石储量丰富，五彩斑斓，温润可人。这种天赐的瑰宝，经过上千年的日月熏陶、风雨滋润及历代名家的心摹手追，塑造出不少形神兼备、美妙绝伦的艺术珍品，集自然美与艺术美为一体，其所体现的深厚的文化内涵和艺术积淀早已被国内外专家誉为中国之"国宝"，在中外交往及海峡两岸文

化交流中也扮演了重要的角色。

　　寿山石的开采历史可以追溯到几千年前，甚至是刀耕火种的石器时代。1954年，从福州桃花山南朝（420—589年）墓葬出土的石俑"卧猪"是迄今发现的最古老的寿山石雕实物。由此可见，早在1500多年前，寿山石就已被开采利用。唐朝时国力强盛，佛教昌兴，寿山僧人刻制的寿山石佛像、香炉、念珠等流传到各地，影响很广；宋代经济文化中心南移，福州成为沿海重镇，出现了寿山石雕刻的作坊。福州地区宋墓出土的各种寿山石俑，数量很多，品种丰富，有文臣俑、武士俑、侍女俑和动物俑等；元明之交，以"花乳石"治印盛行，寿山石章应运而生。在这一时期，寿山石章的钮头雕刻得到了长足的发展，雕刻刀具演变，技法渐趋成熟，形成了独特的艺术风格。明朝出产的寿山石品种已相当多，当时人们最推崇的是艾叶绿与芙蓉石；清朝是寿山石雕的鼎盛时期。康熙年间的杨玉璇、周尚均艺冠当时，他们的许多佳作被进贡到宫廷秘藏。同治年间的潘玉茂、林谦培继承杨、周之法，发展形成"西门"与"东门"两支艺术流派，影响深远。"西门派"以刻制石章为主，造型古朴、刀法浑化、追求传神韵味。"东门派"以刻制圆雕为主，善于利用石形与俏色，刀法矫健，讲究层次深；清朝宫廷收藏寿山石雕甚丰，以乾隆皇帝御用的"田黄三连章"最为珍贵，堪称瑰宝。传说慈禧太后的田黄石章，常藏于贴身的兜内，寒冬腊月将田黄石章置

于结冻的印泥上，不久即可钤用，有田黄石能化冻印泥之说。这个时期田黄石身价百倍，上至皇族、下至庶民都视为珍宝。寿山石在历史上的重要地位，是其他彩石所望尘莫及的。近代的林元珠、林文宝、郑仁蛟、林清卿、黄恒颂等都继承发展了石雕艺术。郑仁蛟使圆雕人物、动物别具一格；林文宝创作的各种印钮，千姿百态，自成风格；林清卿独辟蹊径，将中国画融入薄意雕刻，精妙绝伦。改革开放更给寿山石雕带来了无限生机，国内外客商蜂拥而至，开采、雕刻、经商的从业人数大量增加，寿山石雕遍地开花，争妍斗艳，进入有史以来最为兴旺的黄金时期。

（三）寿山石如何保养

寿山石属于叶蜡石，石质滋润、富有光泽、硬度较低。一些品种在开采时，因爆破震动，结构易遭受破坏，产生裂纹，如果不加养护，日久天长就会枯燥易损，因此，自古以来就有"以油养石"的说法。

寿山石的养护，应注意以下几点：

1.保持润泽，切忌高温。无论是原石还是雕品，都应该避免阳光暴晒和高温环境，要保持其润泽。

2.开料水磨，谨防燥裂。石料在打磨时，以水锯、湿磨为宜，如果需要在砂轮上打磨，则应预备一盆清水，待石料摩擦发热时，及时用冷水降温。

3.原坯石料，应用木盒装放。经过去

皮、除污、清杂质，制成原坯后，应当分出品种、档次和块度，置放在木质的盘盒之中。

4.雕刻成品，除尘保洁。经过雕刻加工的寿山石雕成品，适宜陈列在室内。清理时要用细软的绸布轻轻擦抹。

5.印章摆件，适宜摩玩。寿山石印章和小摆件，最好经常用手摩挲抚玩，使石面附着一层极薄的手油，这样，久而久之，石质便会古意盎然。

6.打蜡油养，因石而异。并非所有的寿山石都可以不假思索地油养。不同品种的寿山石,保养方法是不尽相同的。

7.精选油料,切忌随意。保养寿山石最理想的油料是陈年白茶油。其次是花生油、芝麻油,但这两种植物油色浊性浮,容易使石色泛黄而无光。

(四)寿山石文化

寿山石文化是闽越民族的,是整个中华民族的,也是世界的。寿山石及寿山石雕刻艺术是人类文明的组成部分。寿山石雕刻艺术植根于闽越,历经历代艺人的艰辛探索,已经形成了寿山石雕的独特风格,尤其是由于我国历史的变革,中原民族大量迁徙,使中原文化和闽越文化大结合、大融通。广大石雕艺人凭借自己的聪明才智和悟性,吸收了整个民族文化的精髓,把雕刻艺术置于中华民族文化

的大熔炉中提炼。可以说这个时候的寿山石雕刻艺术，已不是其原始意义上的雕刻艺术了，更被赋予了深厚的文化底蕴和丰富的文化内涵。

北京和台湾故宫博物院都收藏着很多寿山石雕珍品。康熙、雍正、乾隆、咸丰、慈禧太后等都有寿山石玺印，乾隆皇帝御用的"田黄三连章"与其他四件寿山石珍品在1997年被邮电部选为国家名片。民族英雄林则徐曾亲自篆刻用以自勉的寿山石章"浮生宠辱君能忘，世事咸酸我亦谙"。著名画家徐悲鸿、文学家郁达夫、冰心等都对寿山石情有独钟，收藏了一些寿山的石章珍品。

二、五彩相宜——青田石

　　"青田有奇石，寿山足比肩。匪独青如玉，五彩竟相宜"，这是我国现代文学家郭沫若先生对青田石的赞誉。青田石产于我国浙江北部的瓯江中游和苍山南麓，距离青田县20里的白羊山一带，学名"叶蜡石"，它具有玻璃的光泽和油脂感。青田石生成的温度和气压比较高，所以石质比较坚硬、细密，富有金石味。"九山半水半分田"的青田县，自古以来

就以这种石头扬名天下，尤其突出的是封门青、灯光冻、黄石耀等名石。青田石开采于宋代，是较早就用作印材的石料。明代的文彭偶然得到几筐青田石灯光冻，试着用它做印材，发现它比金属做的印更加好用。此后，天下的文人雅士竞相刻石，推动了印坛从延续了2000年之久的铜印时代进入了石章时代。乾隆皇帝八十大寿时，大臣选用青田石刻制了一套60枚"宝典福书"印章作为寿礼，每枚印章上都刻有一个"福"字，乾隆皇帝见后大喜，这套印章现在珍藏在北京故宫博物院里。在《西泠后四家印谱》所用的石材中，青田石占了70%，足可看出其地位的重要。

　　青田石是一种变质的中酸性火山岩，叫流纹岩质凝灰岩，主要矿物成分是叶蜡石，还有石英、绢云母、硅线石、绿帘石和一般硬铝石等。矿石一般是青白色、浅黄色、灰白色、褐紫色等，与寿山石主调浓艳不同，青田石的主调清淡，雍容娴雅，令人过目难忘。青田石的化学成分以

氧化铝、氧化硅为主，另外也有氧化钾、氧化钠、氧化钙等。叶蜡石矿的成因与火山岩和侵入岩有关，其矿床属火山——中低温热液矿床，成矿年代为侏罗纪晚期到白垩纪，距今约一亿两千万年。

青田石硬度中等，有滑腻感，同时还耐水、耐火、耐潮、不变形、不变色。宜于奏刀，刀感脆软，刀起刀落石屑飞溅，十分爽快；而且易雕、刻、锯、锉、凿，能充分施展雕刻技艺，使雕刻达到理想效果。刻成的印章更是"吃朱不吃油"，印色鲜明，色泽不退，适合长期保存。上品以上的青田名石大多具有细、纯、密、润、冻、艳、奇等特点。细也就是质地细腻；纯就是质纯无砂钉，颜色纯正无花斑；密是结构致密、无裂痕；润是温润如脂；冻是有半透明感；艳是色彩艳丽；奇是花纹奇妙。相传古时，青田山口村住着一位农民，靠卖柴度日。一天，他在山上

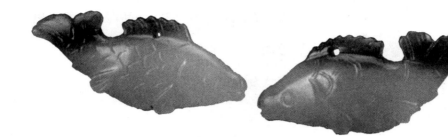

砍柴时不小心劈落一块石头，捡起一看，那石头晶莹透亮，色彩斑斓，他将石头带回家，琢磨成石珠，乡亲们争相观看，后来人们纷纷仿效，寻找这种石头，做成各式各样的装饰品。

青田石的储量很大，主要产地在山口镇，经过常年开采，现在所产的佳石已经极为稀少。石料颜色以青色为主，此外还有黄、白、豆青、淡绿、黑褐、红等颜色。而且石质粗细相差很大，一般很像寿山石中的"老岭"。佳石都是结晶半透明的，光泽如玉，细润而微坚。一般都夹生在顽石中，很难发现大块完整石料。一般不透明，质地软硬适度，产量很多。用刀刻的时候有脆裂的声音，石屑呈小块状，

青田石的品种没有寿山石那么多，色彩也单调，绝大部分都带青色。青田石大多以产状及颜色一起组合来确定石种。

（一）青田石的分类

1.青石

白果冻，又名白果青田。微微透明，浅绿略带微黄色，色彩匀净，像炒熟的白果，所以又名"白果青田"，行刀脆爽，呈现玻璃光泽。它是青田石中的上品。

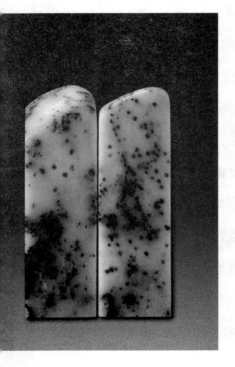

灯光冻，也称"灯明石"。颜色微黄、细腻、温润柔和；色泽鲜明、纯洁、通体半透明、光灿若灯辉。在灯光的折射下，灯光冻晶莹如玉，所以得名。明代初年就用于刻印，名扬海内外，为青田石中的极品，所以"高出寿山诸石之上"，价胜黄金。近年来时有产出，多夹生在顽石中，数量极少，难得大块的。

封门青，也称风门青、风门冻，产

于封门，以产地为特征得名。此石极纯、很少有杂质，所以叫"清"，是最有代表性的青田石。封门矿石材很丰富，封门青为数不多，质纯、细腻。呈淡青色，如春天萌发的嫩芽，有的颜色偏黄、白。质如灯光冻，微微透明。质地细腻，肌理中常隐有白色、浅黄色线纹。不坚不燥，最适合篆刻印章，为难得之珍品，所以价格也不菲。由于封门青的矿脉比较细，而且扭曲盘旋，游延于严石之中，量奇少，色泽高雅，质地温润，品性"中庸"，是所有印石中最宜受刀的石头，深受篆刻家的喜爱。它的色彩鲜艳，绝非人工或他石所能仿造，容易辨认。鸡血、田青以色浓质艳见长，象征富贵；封门青则以清新见长，象征隐逸淡泊。因

此，前者可说是"物"的，后者则是"灵"的，人们往往称封门青为"石中之君子"。

夹板冻，简称夹板，产于山口、方山、季山、塘古等地。冻石呈层状，夹生于普通青田石或熔结凝灰岩中，层次分明，似夹心饼干，故名。冻石和夹板因产地不同，颜色各异。冻石厚度不等，多者数层。夹板越硬，冻石越佳，是青田石雕优质原料。

竹叶青，又名竹叶冻，因产于周村，所以又被称为周青冻。其石青色中泛绿：青中有绿，绿中带青，好像春天的嫩竹一般可爱。石质温润、细腻坚韧、通灵明净，因常裹生于粗硬的紫岩中，肌理隐有细小白点。纯净大块者品质好，很难得。

2.其他颜色的青田石还有很多种类，按石材的颜色划分为：绿石，包括封门绿、苦麻青、山炮翡翠、石门绿、玉冻等；蓝石，包括封门蓝、蓝花钉、蓝花青等；白石，包括白青田、老鼠石、武池白等；黄石，包括黄金耀、黄菜花、黄冻、黄皮、蜜蜡黄、牛墩黄、青田黄、周村黄等；红石，包括北山红、柑橘红、官红石、玫瑰红、石榴红、猪肝红等；紫石，包括红木冻、紫罗兰、紫青田、紫檀冻等；黑石，包括黑筋

章、黑石、牛角冻、青田黑等；黄棕石，包括酱油冻、酱油青田、松花冻等；彩石，包括白黑花、彩云花、封门三彩、虎豹斑、金丝纹、岭头三彩、豌豆冻、五彩冻等。

3.龙蛋，这是一种独体的石材，实际上是一种石结核，又称卵岩。龙蛋石的冻体被暗红色的流纹岩或凝灰岩杂石包裹着，以结核体的形式独立成块产出。龙蛋里往往有圆形或椭圆形上品封门青冻独石，极为稀有。它的形成类似田黄，价值也越来越昂贵。

（二）青田石雕的历史与现状

青田石雕是我国古老的石雕工艺品之一。1989年，在江西新干县大洋洲商代遗址中出土了一批精美的文物，其中有一件玉羽人，就是青田玉石质，是青田石雕最早的发现，距今有3000多年。据《青田县志》记载，六朝时期青田石雕就已经问世。现在在浙江省博物馆里，藏有六朝时殉葬用的青田石雕小猪多只。在新昌也出土了永明元年的青田石雕小猪。当时造型简朴的石雕制品，已作为佩饰品和小件

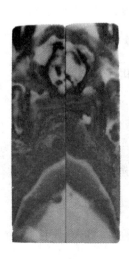

玩耍等实用品。虽然这些雕刻石的艺术要求不高，却为历史上曾经开发利用青田石留下了可考的证据。两汉及六朝时期，青田石被雕刻成玉猪、石猪作为墓葬品。到元明时期，青田石雕的生产有了较快的发展，被大量制作成石章，还雕刻成笔筒、墨砚等文房用具和石碑、香炉等。这期间，青田石雕还只作为实用品被开发利用。

清代以后，青田石雕的技术水平和生产规模都有了很大的提高和发展，不仅有丰富多彩的实用工艺品，而且出现了很多艺术水平较高的观赏品。青田石雕被民间广泛选用，不仅开始在国内销售，并且开始远销海外，还被作为宫廷贡品。

青田石雕迎来的第一个繁荣时期是20世纪初到30年代。这期间在美国旧金山举办的规模空前的"巴拿马太平洋博览会"上，青田石雕艺人周芝山、金针三的作品获得银奖，青田石开始有了世界声誉。现在青田山口的老街，也叫花旗街，就因当地农民用青田石雕从美国赚回的钱盖起一条街的房子而得名。在20世纪30年代，青田从事专业雕刻的多达2000

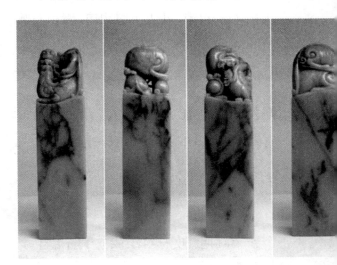

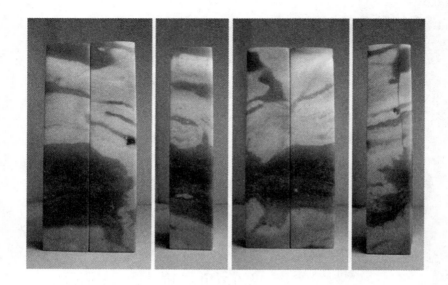

多人，著名的石雕艺人为数不少，并且都有自己的专长，不少石雕艺人到温州、普陀、上海、南京等地开设石雕商店和生产工厂，自产自销，并大批量出口。青田石雕以其独特的工艺，在各地的工艺品市场中占有一席之地。抗日战争爆发后，青田石雕的销路受阻、生产萎缩。从清代到抗战前这200多年的时间，是青田石雕有较大发展的实用观赏品时期。

新中国成立后，青田石雕迎来第二个繁荣时期。政府组织成立了石雕生产合作社和石雕创作组，进行石雕创作课题研究，培养出了林如奎、周百琦、倪东方、张爱廷等4位国家级的大师和一大批技术骨干，对以后青田石雕的发展产生了深远的影响。20世纪50年代，在人物作品方面，出现了《罗盛教》《东方巨龙》等一批与时代紧密联系的优秀作品。在花卉作品方面，出现了《葡萄山》，作品克服了以往拘谨沉闷的风格，呈现出清新、欢快的格调，为石雕花卉创新开拓了路子。

20世纪六七十年代，青田石雕艺术在反

映现实生活、表现历史题材等方面作了深入的探索，产生了很多有一定社会影响的优秀作品。观赏品已占据主导地位，青田石雕进入观赏实用品阶段。

改革开放以后，青田石雕的生产经营体制发生了根本性的变化，极大地激发了石雕艺人的积极性，促进了石雕业的发展。经过不断的探索和提炼，青田石雕登上了数十代艺人梦寐以求的艺术高峰：四枚石雕特种邮票在国内外出版发行，一百多件作品被评为珍品由国家博物馆收藏，五百多件作品在国外亮相，1996年青田被国务院正式命名为"石雕之乡"。青田石雕从早期基本上是实用品逐步演变成当今的观赏品，总体艺术水平在不断提高，逐渐形成了自身鲜明的艺术特色：因材施艺，形象逼真镂雕精细，层次丰富。

近些年来，青田石雕艺人摆脱了以往的禁锢，打开雕刻室的大门，开始从大自然中吸收创作素材，从生活中捕捉艺

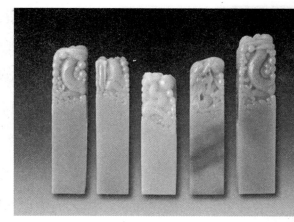

术灵感，把个人创作思想与历史典故、时代特征、风俗人情融合起来，不断赋予新的文化内涵和艺术生命力。青田石雕创作形成了花卉、山水、动物、人物等多种创作题裁，圆雕、浮雕、线刻、镂雕、镶嵌等多种表现手法。作为青田对外形象宣传的一张"名片"，石雕还促进了当地旅游业的快速发展。该县推出了"游瓯江山水、赏青田石雕"的旅游品牌，吸引游客慕"石"前来。青田石雕业还衍生出彩石镶嵌、城市园林设计、花岗岩开发等"新兴产业"，产业的"触角"不断延伸。

进人21世纪以来，青田县委、县政府对石雕产业更为重视，把石雕业作为区域特色经济竞争的支柱点，用改革的思路推进石雕文化创新。帮助艺人摆脱了"匠气"，提升文化创作的"灵气"，提高艺人文化水平和石雕的文化品位。该县

还推出一系列新举措：批准成立县石雕行业管理办公室；出台行业管理办法；启用国家颁发的"青田石雕"原产地证明商标；对名家新秀创作的石雕艺术品实行专业鉴定；在互联网推介创办石雕研究中心；投资新建青田石雕大型博物馆；集中部分创作人员进行集体创作，加强技术交流，形成浓厚的精心制作氛围。青田县已经兴建全国石雕雕刻石展销中心，吸引福建寿山石、昌化鸡血石、内蒙古巴林石等进入石场交易。

（三）青田石玉与中国印文化

2008年对于中国来说，是值得纪念的一年，这一年北京成功举办了奥运会。而奥运会的会徽也同样引起了人们的广泛关注。"中国印·舞动的北京"会徽图案，主体图案为红色背景下运动员冲过终点线的形象，又可以解释为一位舞者，可

谓传统与创新的成功结合，体育与文化的完美交融。此外，会徽图案是汉字"京"（在汉语里有"首都"的意思），这代表了这座有着几千年悠久历史的北京城，这代表了决心举办一届"历史上最好的奥运会"的北京城。"北京奥运会会徽徽宝"以故宫珍藏的"清朝二十五宝"中的乾隆"奉天之宝"为设计制作原型，充分体现了中国印文化的深厚底蕴。

中国的印章艺术，兼具独特而古老的特性，在传统文化里有一席之地。它把书法和雕刻结合起来，兼具实用、欣赏、收藏的价值，是贡献给人类艺术宝库的艺术珍品，是中华民族的瑰宝。从春秋战国到秦汉，官印、私印取材均以铜、玉为主，到了元明时期，文人以石刻印始，风气盛极一时，石章与书法、绘画相结合，流传至今，被称为石印时代。流光溢彩的名石为中国的石印艺术开辟了一片广阔的天地，其中"青田石"开启了中国印章艺

术的新一页。印章古时候被称作玺，是一种凭信工具，同时也是书法与雕刻相结合的一门艺术。青田石在中国印文化中具有十分重要的地位，是最早被引入篆刻艺术殿堂，最受刻家推崇、应用最广泛的印材。

青田石被选用作主流治印，是青田石的石性决定的。由于其石质细腻，脆硬合适，随刀刻画能尽得笔意韵味，使用青田石能集篆刻于一体。两个过程在印家一人手中完成，篆与刻都成了文人学者随心所欲、乐而为之的常事，这就导致了篆刻在实施过程中的革命，篆刻艺术登上了新的高峰。明代篆刻家吴日章认为"石宜青田、质泽理疏、能以书法引乎其间，不受饰、不碍力，而见笔者，石之从志也，所以可贵也。使治印文人雅士，视青田石治印既有治印之美，又有书法之意"。而且青田石既耐温，又致密，有调和柔熨之优点，吃油附色性能无与伦比，既不吸油过量又能使印油印色均匀，印之特别清晰且久不褪色。

元代初年著名文人赵孟頫最早用青田灯光冻石治印。明代文彭偶得青田灯光石数筐，得以施展自篆自刻印章的艺术才华，被后世推崇为印学的鼻祖，"于是冻

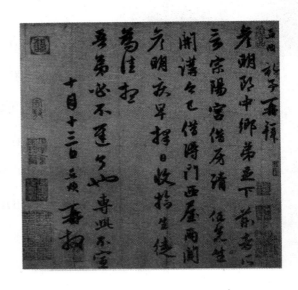

石之名，始见于世，艳传四方"。篆刻家皆以"贱金不如贵石"。

流传至今的青田石印章珍品中除文彭、何震、吴昌硕等篆刻大家的作品外，还有珍藏于故宫博物院的乾隆皇帝八十大寿的贡品，全套60枚的"宝典福书"和现藏于南京博物馆的民族英雄林则徐的三方青田石印章。这些藏品展示了青田石不但是皇宫御用的珍品、文人雅士的至爱，而且博得历代朝臣、将领的青睐。青田石流传之广，对篆刻艺术贡献之大，确实是其他石材无法比肩的。

青田石在当地被称为"图书石"，石雕称为雕"图书"，石矿称作"图书洞"，从这里我们可以看出青田石用于治印，作为印材之首在印篆史中的地位。在近代，青田石以其卓越的天然品质，逐渐托起了一个国际性的印学社团"西泠印社"。在《西泠后四家印谱》中有印344方，其中青田石216方，占70%。国画大师吴昌硕、

齐白石、潘天寿等都十分钟情于青田石，都用青田石治印。当代篆刻家、西泠印社副社长韩天衡对青田石极为推崇，在《我所认识的青田石》一文中这样描述："以印材论，上品青田石本身即为艺术品……无论质地冻或非冻，石性皆清纯无滓，坚刚清润，柔润脱砂，最适于受刀听命，最宜于宣泄刻家灵性，因此青田石是印人中最中意、最信赖的首选印石。"

（四）青田石的"裂"

在选择收藏青田石的过程中，需要注意防裂、防硬。它的裂纹有两类：

一类是矿石生成过程中形成的自然裂痕（又叫冰裂），因为其年代久远，各种矿物质渗染而形成的细小裂纹。这类格纹对印石的坚固性影响并不大。

另一类裂痕是在采矿、选矿、加工的过程中形成的人工裂痕。在选择的时候

要特别注意这类裂纹中的通裂与底裂。尤其是出现在印章四面相互连接的部位的通裂，这种通裂稍加外力就容易断裂。有的本来就是石章断裂后重新黏合的次品，更需要小心。检查青田石是否有裂痕的方法是：对于"冻石"，可将石章逆对强光仔细观察；对于普通石章，可以用指甲轻轻刮去石头表面的封蜡，仔细检查。

（五）青田石的养护

青田石的养护要注意防晒、防风、防震、防尘。因为其石质细软温嫩，所以应当避免阳光直射或强光的长时间照射和风吹，以免其变色、变质而出现褪色、裂纹。强烈的震动或者碰撞会造成石头的破损。灰尘多了也会影响石头的自然风韵。所以最好能将青田石放置在印盒或玻璃橱柜里，既方便观赏也利于保养。青田石属于叶蜡石类，石质耐温致密，所以不能用油保养，可以用加温封蜡的方法保存。其方法是加热到一定温度后上蜡，待半凉去除余蜡，等凉透后再用粗麻布一类细加抛光，可增加青田石的光亮度。封护用的蜡要用蜜蜡，石章的光泽才能耐久，印石也更见温润，不宜用一般的蜡烛。用锅子或电吹风加热，温度不必太高，以免石章脱水开裂以至老化变硬。打磨印章可以将细水沙放于玻璃或瓷砖上打磨，让印章的肌理充分凸显出来。打磨出来的印章，形要挺括，手感要润滑。一些自己喜欢的石章，也可以不封蜡，常置手中摩挲，形成的包浆更能见其温厚。

三、碧血丹心——昌化石

昌化石产于浙江省临安昌化镇西北部的玉岩山。因此，当地的这种石头就取名昌化石。昌化石质地细腻、色彩晶莹，适合用于制印做成精美的雕琢摆件，令人喜爱。也是我国最著名的四大系印章石之一。

昌化石具有油脂光泽，微透明至半透明，极少数透明。品种很多，是个多姿多彩的大家族，大部色泽沉着、性韧涩，

明显带有团片状细白粉点。按色分有白冻（透明，或称鱼脑冻）、田黄冻、桃花冻、牛角冻、砂冻、藕粉冻（为主）等，均为优良品种。色纯无杂者稀贵，质地纤密，韧而涩刀，含有少量砂钉及杂质。

昌化石的矿物成分以黏土矿物地开石为主，还含有高岭石等黏土矿物，也常含有没完全蚀变成地开石的硬质石英斑晶，硬度远远大于地开石，工艺上称之为"砂钉"，是雕刻家的大忌。因此，"砂钉"的多少直接影响到昌化石的质量。昌化石石质相对多砂，一般较寿山石和青田石稍微坚硬，且硬度变化较大。质地也不如上述二者细腻。但也有质地细嫩的以及各种颜色的冻石。昌化石的颜色有白、黑、红、黄、灰等各种颜色，品种也细分成很多种，多以颜色划分。如白色者称"白昌化"，黑色或灰色杂黑色统称"黑昌化"，多色相间的则称为"花昌化"。而昌化石中，自古至今，国内海外，最负盛名的便是"印石三宝"之一的"昌化鸡血石"了。

谈到鸡血石，在昌化一带民间还曾流传着一个美丽的故事。很久很久以前，安徽九华山上有一对漂亮的锦鸡。一天，雌鸡不甘寂寞，偷偷外出游玩，当它飞到浙皖交界的昌化上溪地界时，停落在玉岩山顶，发觉此处风光秀丽，很想在此安窝，但是没想到半山腰里遇到了黑蛇精，它们大战七七四十九天，那只锦鸡终因势单力薄被黑蛇精咬伤，鲜血流遍了全山。后来，缕缕血丝从岩石缝中慢慢渗透下

来，变成十分好看的鸡血石。

昌化冻石中含有"血"者则被称作上品"鸡血石"。所谓鸡血，实是朱砂（辰砂），朱砂是一种特殊的汞矿石，呈鲜红色。鸡血石中最名贵的数"大红袍方章"，其印石六面红或四面红，红色鲜艳，纯净，光泽亮度高，纤密坚韧，几乎没有"地子"，即"满堂红"。当然，大部分还是有地子的鸡血石。地子越灵透纯净越好，如桃花地鸡血红，遍体艳若桃花，鲜艳夺目；白玉地鸡血红，质地月白如素，没有杂色，血色淋漓尽致；"刘、关、张"，红、白、黑三色相间，极富特色；

豆青地鸡血红，地子似碗豆青色，微透明，血色鲜艳；荸荠糕地鸡血红，其特征是透明度相当强，血呈红斑，片片诱人眼目；牛角地鸡血红，质地乌黑纯正，血艳，呈流纹，动感很强；藕粉地鸡血红，质地若冲泡而成的西湖藕粉，呈粉白色，鸡血醒目；肉膏地鸡血红，产量较多，质地有透明不透明之分，其红色似鸡血滴入石中为佳者。

明清两代的鸡血石和印章，都被作为

上层社会馈赠的珍贵礼品，以示炫耀，并且引以为荣。鸡血石中含有天然的朱砂，朱砂在道教中可以炼仙丹，有驱邪的功能。所以人们认为拥有鸡血石可以驱魔迎祥、镇宅定居，深得皇室官宦的青睐。

清朝时篆刻艺术蓬勃发展，昌化石得到了不少篆刻名家的重视。在乾隆、嘉庆年间的"西泠八家"都对昌化石印材有认真的研究。《西泠后四家印谱》里就介绍了陈豫钟、赵之琛等利用昌化石做印材的印谱。

昌化石主要分为昌化鸡血石、昌化田

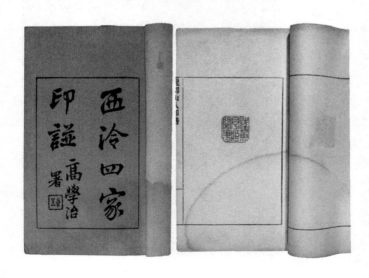

黄石、昌化冻石、昌化彩石等多个种类。其中大部分色泽沉着,具有油脂光泽,微透明至半透明,极少数透明,性韧涩,明显带有团片状细白粉点。色纯无杂者稀贵,其质地纤密、韧而涩刀,很少含砂钉和杂质。

(一)昌化石的分类

1.昌化黄石

昌化黄石产于浙江省西部天目山康山岭玉岩山北侧的山坡上,方圆不到十亩,有个非常显著的特征——"无根而璞",很自然地呈无明显棱角的浑圆状,是单个的独石，表面包裹一层石皮，肌理通灵透亮，温润细洁纹格清新。它由两大类石头组成：一类是当年开采鸡血石丢弃的"废石"，这里包括各种冻石、杂石以及被遗漏的鸡血石等成为昌化黄石中最主要的组成部分。这些独立的"废石"虽然也有石皮，但是在肌理中仍然含有昌化石体含杂质较多的特点。这类石头，不是掘性石，更不是二次生成的原石。另一类则是亿万年前，地壳变动散落在山坡、山脚上的独石，再经过土壤、水分、地温色素的长期侵蚀演变，二次生成的原石。"二次生成"就是散落的独石，在土壤里受水分、地温及酸碱的长期作用，石体肌理中的杂质、成分不断变化，其物理性质和化学性质也随着不断变化而形成另一种性质的石头，这个演变过程是极其漫长的。这种石头就是田黄原石，它往往纯净无暇、细洁温润，一般都有萝卜纹，完全可以与寿山田黄相媲美，它的品种有

黄、白、黑、红等。在二次生成的原石中，还有一种因沉积年代不够或地质条件所限而未"发育成型"的原石。

昌化黄石不仅是制印的绝好材料，也给人们提供了享受生活的源泉。一块质地尚好、造型别致、皮色完美的黄石，简略加工一下，就可以制出古朴苍劲、形态俱佳的自然形印石。目前已经有很多书画艺术家对这种石头很感兴趣。选择一块田黄原石，适当施以博意，配上合适的镂空底座，既可观赏，又可以作为印石，真是百看不厌、保值增值。而一些质地稍差，但造型奇特、皮色艳美的大块原石，可以做成红木底座，能使人情趣大增，回味无穷。

2.昌化鸡血石

昌化鸡血石是昌化石中的极品，在

中国宝玉石中有极其重要的地位。它的品质的高低取决于"血"和"地"。血色有鲜红、正红、深红、紫红等，鸡血的形状有块状、星红、条红、霞红等，能达到鲜、凝、厚者为佳，深沉有厚度，颜色深透到石中。血量少于整体10%者为一般，少于30%的为中档，大于30%的为高档，大于50%的为珍品，能够在70%以上就是非常难得的了，全面或者六面血者极佳。红而通灵的鸡血石称为"大红袍"，是可遇不可求的珍品。

鸡血石的"血"指的是辰砂和地开石、高岭石等矿物集合体，集合体中辰砂的大小、含量以及地开石、高岭石的颜色，对"血"的颜色都有影响。划分鸡血石品种一般依据的是质地和色泽。冻彩石和软彩石除翡翠冻、孔雀绿、艾叶绿等，至今没发现有辰砂伴生外，其余品种的质地都有辰砂渗透。鸡血石的称谓通常根据这些被渗透的冻彩石、软彩石

的称谓而定，例如羊脂冻鸡血石、牛角冻鸡血石、象牙白鸡血石、桂花黄鸡血石等等。除此之外，由于岩石的硅化而出现的刚地、硬地两类石材，就它们本身的工艺价值来看，称不上宝玉石，但是它常与辰砂伴生，有的"血"色非常突出，因此身价倍增，被列为鸡血石一类。依据这些，可以把昌化鸡血石分为软地、冻地、刚地和硬地四大类。

（1）软地鸡血石这类石以多姿多彩的软彩石为地，它的透明度和光泽度不如冻地鸡血石，但不少品种的血色、血形与色彩丰富的质地相融合，形成美丽的图纹，足以胜过冻地鸡血石。它是鸡血石中最常见的一类，产量约占60%左右。这类鸡血石的主要成分是辰砂和地开石、高岭石和少量明矾石、石英细粒，有一定蜡状光泽，硬度3—4级，不透明或部分微透明。主要品种有"黑旋风"鸡血石、瓦灰地鸡血石、白玉鸡血石、桃红地鸡血

石、朱砂地鸡血石、紫
云鸡血石、黄玉鸡血石、
青玉鸡血石、花玉鸡血
石、酱色地鸡血石、巧石
地鸡血石、板纹鸡血石
等。

（2）冻地鸡血石是
鸡血石中的精品，历来是人们追求的主
要目标和开采的主要对象，很多的名品、
珍品都出自这个品种。它的成分是辰砂与
地开石、高岭石组成的天然集合体，硬度
2—3级，微透明至透明，强蜡状光泽。冻
地鸡血石包括牛角冻鸡血石、羊脂冻鸡
血石、田黄冻鸡血石、玻璃冻鸡血石、肉
糕冻鸡血石、朱砂冻鸡血石、桃红冻鸡血
石、芙蓉冻鸡血石、五彩冻鸡血石、银灰
冻鸡血石、青豆冻鸡血石、玛瑙冻鸡血石
等等。

（3）刚地鸡血石与冻地、软地鸡血
石少数品种的色泽相近，只是石质成分

不同，因而产生了硬度和透明度的不同。
这个品种的鸡血石，从20世纪80年代开
始，就逐渐被人们利用。刚地的主要成分
是辰砂和弱或强硅化的地开石、明矾石、
高岭石、硅质成分以及细微粒石英的聚
集体，还可以分为硬刚地和软刚地两种。
硬刚地的硬度大于5.5，以褐黄色、淡红
色为主，大部分不适合雕刻，只能稍微加
工，以它所呈现的自然美供人们观赏。软
刚地的硬度大约是3—5.5级，部分质地比
较细润，有玉的感觉，不透明，很少量的
是微透明，容易被人们接受，这种鸡血石
的缺点是石质脆，容易破裂，特别是受热

的情况下。刚地鸡血石的主要品种有：刚灰地鸡血石、刚褐地鸡血石、刚白地鸡血石、刚分红地鸡血石。

（4）硬地鸡血石的质地成分主要是辰砂和硅化凝灰岩，这类石头的硬度在6级以上，有的甚至超过7级，不透明，干涩无光，经常被称作"硬货"。质地比较单调，常见的有灰色、白色，也有少量的黑色和多种颜色出现。硬地鸡血石很难雕刻，所以都属于低档品，但是硬地鸡血石中有一种叫"皮血"的则属于上等或中档品。"皮血"的特点是在硬地的表面伴生着鲜艳的"鸡血"，形成单面或多面的"鸡血"薄皮，所以也称"皮血"。据说，硬地鸡血石质地越硬，伴生的鸡血往往越鲜艳越浓烈，也越不容易褪色。好的"皮血"是制作工艺品和仿古摆件的好材料。

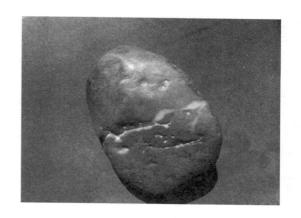

3.昌化田黄鸡血石，这种石头是在昌化田黄的质地中包裹着"鸡血"，由于田黄石素有"石帝"的美称，鸡血石又有"石后"的美誉，而田黄鸡血石兼备两者的美质，所以被称为"帝后之缘""宝中之宝"。

4.昌化彩石，也叫昌化根，是昌化石中色彩最丰富、产量比较多的品种，这类昌化石最大的特点是色彩丰富、不透明。昌化彩石一般是昌化石的下等材料。

5.昌化冻石，这是昌化石中的优质品种之一，它的主要特点是：晶莹、明亮、细润，根据颜色的不同可分为单色冻石和多彩冻石，例如有白冻、田黄冻、桃花冻、牛角冻、砂冻、藕粉冻等等。

（二）昌化石的开采历史

1999年杭州半山石塘村的战国古墓中，出土了一批用昌化石制作的随葬品，其中包括两片昌化石扣合式剑鞘，十余件昌化石兽面纹剑首、剑格等剑饰，两把剑饰上还刻有鸟篆文"越王"和"越王之子"的字样。昌化石矿区古代属于越地，可见当年的越国王朝已很重视对昌化石的利用。至此，昌化石的开采使用可证实有2300多年的历史。

从秦汉至隋唐五代，昌化石的利用并没有明确的文字记载和实物证据。到

了宋代，昌化石已经很出名。《昌化县志》记载："南宋昌化县置玉山乡，管里十一。""里"相当于村，其大致区域在玉岩山周围。宋咸淳《昌化县镜图》中，在玉岩山所在地标明了"玉山乡"。可见，以产昌化石（民间历来称昌化石为玉石）而闻名的玉岩山在当年就享有盛名。始建于唐朝的小九华山禅寺古时候属于昌化县玉山乡，寺中的昌化石佛印面刻九迭篆阳文。金石家据印文推测，此印最早可上溯至宋代。这从侧面反映出当年昌化石开发利用的历史。到了元代，对昌化石资源的开发利用，曾努力探索新的艺术形式和新的玉源。据昌化石产地的采石老人追忆：上祖流传，在朱元璋屯兵打天下的时候，本地有人靠采昌化鸡血石赚钱、换粮。当年，玉岩山下的一位农民，在村庄对面康山岭西侧砍樵小憩时，看到脚下露出地表的岩石晶莹如玉、鲜红如血。他便用铁杵凿下一块带回家，村民们争相观赏，爱不释手。昌化石在当年宫廷和工艺品界的推动下，被列为中国图章石中的珍贵品种。明代对宝玉石资源，尤其是对彩石资源的认识和开发有了新的突破，印文化和雕刻、珠宝等工艺也有相当的发展。民间的石材工艺水平也达到相当的高度。这有力地促进了昌化石的开采和利用。

清代时昌化石被列为宝玉石之名品，受到广泛重视，得到进一步开采和利用。据记载，当时开采的昌化石不仅有"红点若朱砂"的鸡血石，亦有如玳瑁一样发光透亮的豆青类、黄冻类冻石佳品。清朝康熙至乾隆年间，以产黄色、蓝色印石为多，道光时以产豆青色印石为多。对开采利用昌化石推动最大的要数乾隆皇帝。他在巡视江南纳贡8.2厘米见方和6.9

厘米见方的昌化鸡血石印材时，龙颜大悦，封昌化石为"国宝"。此后，昌化石的开采规模迅速扩大，采得的高档品大多进贡朝廷，给皇帝、后妃做玺，或由雕刻高手制作成精美的工艺品，收藏于皇宫。清代官吏的服饰中，以花翎红顶为最高品级，鸡血石红曾带珊瑚红、玛瑙红为顶花品饰之最高荣勋，可见昌化鸡血石在清皇宫中的地位之高。

现代，毛泽东曾经使用和珍藏两方大号昌化鸡血石印章。周恩来曾经选昌化鸡血石作为国礼，馈赠前日本首相田中。在文化界，郭沫若、吴昌硕、齐白石、徐悲鸿、钱君匋、潘天寿等都对昌化鸡血石非常感兴趣。昌化鸡血石文化波及五大洲，特别是在日本、韩国和新加坡等东南亚国家和侨居各国的华人界更享盛誉。

（三）昌化石文化

2004年9月17日，清代乾隆、嘉庆皇帝的昌化鸡血石玉玺，在浙江省临安市锦城与昌化鸡血石产地的广大市民见面。这是皇帝玉玺首次走出北京故宫博物院在民间展出。清代历朝皇帝与后妃均以昌化鸡血石为玺。这次展出的乾隆玉玺，印面刻篆体阳文"乾隆宸翰"，印高15.2厘米，印面8.4厘米见方，印身因势而雕池塘荷花。清嘉庆玉玺刻篆体阴文"惟几惟康"，印高14厘米，印面7.1厘米见方，印身因势而雕云龙翻腾，犹如苍龙出没于红霞之中，

别具情趣。

据赏石专家们评价，昌化鸡血石与田黄石、芙蓉石是驰名中外的"印石三宝"。田黄按两计，价值三倍于黄金，而羊脂底的鸡血石，全面通红者价逾田黄。鸡血石中能称得上上品的要数"全红鸡血"了，它质地细腻微松，色白如素玉，微冻，通体密布血斑点，白底红心，鲜艳夺目。由于血斑绵密，只是微露白底，所以也

被称为全红鸡血，通体血
斑，对天空而视，可见闪
闪反光，非常美丽。其次
就要数"六面红鸡血"
了，这种印石底白玉地与
肉糕地相生，有的含灰黑肌

理，其间又有小晶块，质坚细而且微脆。
鸡血红斑呈极细微的点状，聚散不一，千
姿百态，极为娇艳妩媚，并且石的六面血
色都很浓密，实属难得的精品。据行家
说，鸡血红者，固以红鲜定其优劣，然而
须有良质好色搭配才为出色。再则，要能
方正高大，最好又能成对，成对者纹理又
要活泼对称，才算完美。

　　石文化一直是东方传统文化的重要
支脉，也是现代世界文明的一部分，赏
石是石文化的重要组成部分。昌化石的
美，博大精深、丰富多彩，它既是看得见、
摸得着的物质实体，又蕴含着丰富的哲
理，给人以无限遐思，可以说是一幅立

体的"画"、一首无声的"诗"、一曲美妙的"歌",达到了形神兼备的艺术境界。有的收藏家称昌化石的不同姿色,犹如背景不同的女性,有的雍容华贵、妩媚动人,有的清纯可爱、甜美宜人,展现出不同的喜人姿态,使人看了神清目明。古人曾称田黄石为"石帝",鸡血石为"石后"。可见昌化石具有很高的欣赏价值和收藏价值。

昌化石最主要的工艺用途是制作印章和工艺雕刻品,印章在中国有着悠久的历史。据传,早在黄帝时代,印章就已

经出现。《春秋·运斗枢》里
记载："黄帝时，黄龙
负图，中有玺章。"《春
秋·合成图》中说："尧
有玺。"不过在当时印章只是用
作铸造铭文或图案的模子，没有象征权
力的职能。战国和秦汉时代，玺印盛行，
并成了权力的象征。秦始皇设置符令丞，
专管印玺，这开创了后世的监印官制度。
魏晋六朝的印章仍然保持着汉印的风
格。当时并没有注意到印章的艺术价值，
只是实用。元明以后，印章获得新的发
展，而且成了一种新的艺术形式。但是古
代印章材料，汉以前以铜铸为主，金玉次
之，间有牙骨。元明以后，石材取代金属
印章，成为制印的主要材料。

昌化石所展示的东方特色文化，在
世界文化艺术家族中独树一帜。石艺家、
收藏家称其"具有国际级身段"，已成为
世界赏石者注目的焦点。现在，昌化石尤

其是鸡血石需求层次迅速扩大，人数增多，它已经不仅仅是石艺家、收藏家的宠儿，而且成了普通人馈赠的珍贵礼品，其用途有如"八仙过海，各显神通"。

（四）鸡血石的伪造和保养

值得提醒的是，鸡血石较易仿造。仿造者手段的"高明"足以乱真，若非行家确实不容易辨认。伪造的方法有以下几种：

1.把不成材的鸡血红斑点镶嵌在没有红斑的昌化石里，并且用胶粘住。这种伪造只需要仔细观察红斑的镶接处，就可以看到接痕。如果把石面磨光，怎样

的镶嵌都能被发现。这种伪造的方法在百年前昌化石生产的时候常见，后来由于不成材的红斑也不容易得到就见得不多了。

2.牙医补牙用的水泥为材料，混合寿山石的石粉研细，加入红朱并掺渗少量的洋红，做成鸡血石红斑点，有大有小、有浓有淡，然后再用白水泥混合石粉加入少量的灰色颜料，把已经做成的红斑嵌入，铸成印材，然后加工磨细上蜡，伪造出鸡血石的光泽，这样伪造出来的鸡血石，粗糙、干燥、缺乏生气。

3.用红色的昌化石根挖大小洞，然后填入农红油质颜料，用透明的玻璃纸类薄膜封固，用透明的清漆填补接口。这样伪造的鸡血石可以从接口处或者颜色中看出来。

鸡血石的造假方法虽然有很多，但识别的手段也是有的：不管采用何种手段，使用何种材质，用打火机火苗燃之即

发出特殊气味，为假，此一种。第

二种鸡血倒

是真的，然

而是人工"嫁接"的

（取鸡血石碎石，掺以化学

物合成），确切地说，是在真鸡血

的基础上，做了手脚，其漂亮程度令人怀

疑，如要分辨只能靠眼睛去仔细辨别。鸡

血得自然外观有瑰红、片红、斑红、星红、

条红、霞红等，色调浓淡过渡很自然。经

过人工嫁接的鸡血石，它的外观形态一

般是不会统一的，分辨的关键也就在这

（但做假的高手确有使外观统一的，那是

在极偶然、极有心地收集碎料、废料的前

提下，统一地子，统一色调，统一血色，统

一纹路，煞费苦心集中比较后使用贴片

法合成的，此谓以假乱真，看似大瑰面的

红，实际上是由很多小块拼接而成）。总

之，凡是真的鸡血石总比人工伪造的要自

然和好看。

四、天赐之石——巴林石

巴林石产于内蒙古自治区赤峰市巴林右旗赤峰山。巴林石早在一千多年前就已发现，并作为贡品进奉朝廷，被一代天骄成吉思汗称为"天赐之石"。巴林石有朱红、橙、黄、蓝、绿、紫、白、灰等颜色，石质细腻，湿润柔和，色泽晶莹，有新蜡的感觉，有透明的、半透明的、不透明的，软硬适中，最适合篆刻印章或雕刻精细工艺品，为上乘石料，历来为中外友

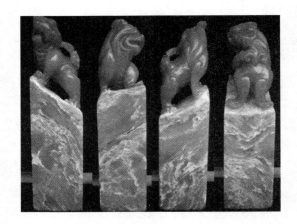

人所推崇，是藏品中的珍品，誉满东西，从港澳地区，到东南亚各国，从欧美到东瀛，几乎传遍世界，名扬四海。

据说，巴林石也是女娲"补天之遗石"。女娲补天时，乘着飞龙，佩带着剩下的巴林灵石，到处漫游，经过大草原雅玛吐山上空时，看到那里苍原碧水，红花绿草，奇光旖旎，不觉得翩翩起舞，而所佩带的灵石便化成千万朵鲜花，飘落而下……它们融入地底，经千万年地气孕育，又还原为巴林奇石。

神话传说中，拯救苍生的女娲在"天柱折，地维绝"的天塌地陷的危难之时，就曾寻遍天下选五色彩石作补天的材料，什么"寿山石""青田石""昌化石""广缘石""雨花石""丹凰石"等均在选择之列，在惊喜之余，发现了世上奇葩——巴林石这一补天的最好材料。可是由于此石柔软如玉、晶莹欲滴、光滑如水，难以永嵌苍穹。随着风雨变幻、斗转星移，一天跌落在茫茫无际的巴林草原上。传说，女娲补天归来，已筋疲力尽，但是，当被她解救的子民围在她的身边载歌载舞时，她忘记了疲倦，也翩翩起舞了。伴随着她姻娜的舞姿，连身上补天时沾带的五色石都抖落下来，顺风飞扬，散落在荒原里，变成了黄澄澄的、无比金贵的

"福黄石",落在溪涧中的结成了可爱的"冻石",落到山冈上的,就变成了光彩四射的"观赏石",飘落在百花盛开的山坡上的变成了灿如朝霞般的"彩石"。转眼间,整个苍茫大地到处闪烁着宝石的光辉。

巴林石,既有寿山石的古朴凝重,也有青天冻石的质感,但它最特别的还是娇嫩艳丽、千变万化,成为众多石材中难得的一个品种,是中国各色石种的集大成者,因为寿山、昌化、青田各石的纹、色

（除封门青外）均可以在巴林石中看到。

巴林石富含硅、铝元素，是流纹岩，由于火山热液蚀变作用而发生高岭石化形成。巴林石在成矿晚期，一些硫化物和其他矿物质沿高岭石的裂隙贯穿、斑布、浸染，因而扩大了高岭石的品种和数量。另外，由于硅和铝，钙、镁、硫、钾、钠、锰、铁、钛等元素的存在和比例上的变化，造成了巴林石丰富的色彩。如铝元素多了，石材就会呈现灰色和白色，铁元素较多的会使石头呈黄、红色，锰元素的侵入，就出现了石中有水草花的现象。

巴林石的石质细腻，温润柔和，透明度较高，硬度却比寿山石、青田石、昌化石软，非常适于治印或雕刻精细的工艺品，为上乘的石料，稍显不足的就是色素成分不够稳定，拿鸡血石为例，巴林鸡血石比较容易氧化、褪色，尤其是在阳光和紫外线的照射下，汞很容易分解，半年后，大约有60%的鸡血石都有不同程度的

褪色现象。再细看两者的质地，巴林石多花纹，昌化石则较纯粹。所以也有同行称赞两者是"南血北地"，各有千秋。

（一）巴林石的分类

巴林石中有"三宝两珍"：

鸡血红、福黄石和彩霞红被称为巴林石中的三宝，莲花冻和白玉白被称为巴林石中的两珍。

1.巴林鸡血石

巴林鸡血石外观比较像昌化鸡血石，但巴林鸡血石极易氧化变色或褪色，因此很难得到血块比较大的。巴林鸡血指有硫化汞渗入并有一定聚集的巴林石，因其颜色如同鸡血而得名。鸡血石的地子多是透明或半透明的冻石，"鸡血"又可分为鲜红、朱

红、暗红等颜色，呈块状、星点状、条带状分布。在巴林石中凡是含有硫化汞的，都属于巴林鸡血石这一类，并按颜色和质地的不同命名。巴林鸡血可以分为五个品级：极品、上品、中品、下品和伪品。

巴林鸡血石中还可以分出以下的品种：彩霞红、纯白鸡血、纯黑鸡血、瓷白鸡血、红花鸡血、刘关张、紫鸡血等等。

巴林鸡血如果保养不当就会发生血

变，要注意避免强光和高温，万一出现血变，要用石蜡油浸泡一下，经过几日血色就会鲜艳如初，不过有的石艺家喜欢这种石头，将它称为"活血"。

2.巴林石

巴林石中的佼佼者要数福黄，它集珍品、极品、稀品于一身，它的质地、美感近似于田黄石，它们像一对孪生姐妹，南北各据一方。在巴林冻石里，福黄是石中之王，属于凤毛麟角，很难得到。田黄石从明清开始就被称为"石中之帝"，在中国历史上曾经有炎黄二帝，因此后人也把田黄石和福黄石比喻成石中的"炎黄二帝"。它以水铝石质为主，也含有地开石，保留了矿物自身所固有的颜色，而且渗有少量的褐铁矿，矿石的整体呈现黄色。由于最初采石的领班人名刘福而得名。按其颜色、纹理的不同可以分为若干种。巴林福黄石可以分为绝品和上品两品：产绝品的石质的石矿层稀薄，开采非常艰难，产量极少，不易成材。这种石的质地与田黄石相比毫不逊色，所以进入市场以后使很多的收藏家很难辨清二者的真假。

这个品种已经多年不见，所以有"鸡血易得，福黄难求"的说法。绝品中的福黄都被称为鸡油黄。上品石质细润，肌理透明而且清晰，通体呈黄色，坚而不脆，软而不松，色泽高贵，形体玲珑剔透。

3.彩霞红

彩霞红是巴林鸡血石中的绝品，颜色鲜艳如彩霞，金灿灿的福黄和红艳艳的鸡血融合在一起，就像阳光射穿了的云霞，为秋天的草原撒下一层碎金子，是其他石材所不能比的，可以算得上巴林石王国里的王后。

4.莲花冻

莲花冻是巴林冻石中，质微透明至半透明，肌理白色微透粉红，犹如婴儿粉嫩的皮肤者，此石质地晶莹，呈粉嫩色，似乎吹弹就能破，入手使人心荡漾。

巴林冻石是指地开石成分较高，矿物成分比较充分，着色元素和杂质都很少，具有一定透明度的巴林石。这种石头由于石质像皮冻而得名。在巴林石中，透明或半透明的，无鸡血，不以黄地为主的，都属于这一类。巴林冻石类可以分为四品：绝品、上品、中品、下品。绝品的巴林冻石质地纯正，透明度较高，没有绺裂，块度适中；上品的质地细洁凝腻，透

明度比较高，肌理清晰，色泽纯正，石质不干燥，容易受刀，便于雕刻时的切割选择；中品巴林冻石透明度稍差，纹理不够清晰，颜色单一欠纯正，或颜色多样但欠鲜明；下品石主要是自身的质地不够好，透明度不高，块度不够的冻石。巴林冻石中比较有名的品种有巴林玛瑙冻、巴林芙蓉冻、巴林羊脂冻、巴林牛角冻、巴林鱼子冻、巴林藕荷冻、巴林桃花冻等等。

5.白玉白

白玉白的质感非常像羊脂玉，羊脂玉是白玉中的优质品种。巴林石中的白玉非常罕见，而且白玉白又是巴林白冻中的最佳品。

巴林石中除了这三宝两珍外，还有很多的彩石。巴林彩石是指高岭石成分较高，成矿期矿物交代不很充分，着色元素和杂质较多的不透明的巴林石，并且由于颜色丰富而得名。凡是无血、无黄、无冻的巴林石都可以归为此类。彩石类最大的特点就是色彩丰富，并由此得名。巴林彩石可以分为四品：绝品、上品、中品和下品。绝品巴林彩石的切面线条清晰、色泽纯正、形象逼真、质地与色彩衬托得当，块度适中，而且是现在已经没有产出的；上品彩石自身带有线条或斑块的色泽纯正、硬度适中、没有砂钉的巴林彩石；中品的一般通体一色，但色不纯正，不成比例，石面略显杂乱，不够协调。下品石就是颜色不正，绺裂较多，块度不够的巴林彩石。巴林彩石的种类有：巴林黄花石、巴林天星石、巴林紫云石、巴林豹子石、巴林泼墨石、巴林多彩石、巴林蛇斑石、巴林银花石等等。

（二）巴林石的历史与现状

据记载：在成吉思汗统一蒙古各部落的庆功宴上，属下进奉了一个巴林石碗，成吉思汗用它盛满美酒，频频举杯，不住地称赞："腾格里朝鲁！"这话的意思是"天赐之石"。到清朝时，巴林石碗已成为进奉朝廷的贡品。最近，在一座古墓中，还发现了殉葬的黄色巴林石碗。

清朝摄政王多尔衮的属地——喀喇

沁旗锦山的灵悦寺内，供奉着一尊石佛，石佛高14厘米、宽7厘米、厚4.5厘米，它的石质属巴林石中的粘性料，玫瑰色，其中有三分之一的杂质。由于是庙产，多年供奉，具体资料已无从考

证了。观察石佛就会发现其与众不同之处，石佛头罩佛光，面部雍容富态，带着发罩，露出两根辫子，服饰是窄袖的长袍，衣纹的线条流畅，手中托着一朵含苞待放的莲花，盘坐在莲花台上，应该说，这是一位公主，刻成了佛的形象。从雕刻手法上看，此佛应该是唐宋时期所刻。

据说，清代在旗北沙巴尔台的地方，有个名叫德力格尔的老艺人曾挖掘过巴林石，并将其精心雕制的巴林石碗献给旗主札萨克乌尔衮。乌尔衮又将此碗进献给康熙皇帝，康熙赞不绝口。从此以

后，历代的巴林王公每逢进京，都要携带巴林石雕作为贡礼，以示心意。

在喀喇沁旗博物馆里，珍藏着两方巴林石大印，一方印上用小篆刻着"喀喇沁王之宝"，另一方用隶书刻着"世守漠南"，两方印章是在王爷府院内地下挖出来的，不知是哪代王爷的印。民国初年，矿物学家张守范把巴林石命名为"林西石"。日军侵华时期，曾抓劳工开采过这种矿石，据说行动诡秘，管理森严，劳工也不懂所采之石为何物，鸡血红和彩石矿脉都被开采过。

20世纪70年代初，地质部门去赤峰考察，发现有遗留采坑多处，规模很小。民间流传历史上曾有南方人用骆驼驮走过巴林石。1973年，正规开矿巴林石时，发现在一个采洞内有点灯用的油碗，一只陈旧的鹿角，一把不是当地人所用的刀子和一个粗雕成型的佛像。这些现象表明，过去确有南方人前来探险和采石。

石巢先生在1982年就预见到：巴林石"储量丰富，将来可成名矿"。也是在这一年，中国工艺美术公司副总经理林佑女士率领金石界的专家考察了巴林石矿山，确定了巴林石为雕刻彩石原料的三大支柱之一。

（三）巴林石文化

中国的传统文化博大精深，内涵玄妙多变，有着上下五千年悠久灿烂的文化，有三千多年的赏石历史，中国人的赏石文化传统给后代人留下了宝贵的精神文化财富。巴林石是我国诸多观赏石中的一个重要组成部分，以其特有的质地、艳丽的纹理、凝重的冻感成为观赏石中的一朵奇葩。虽然巴林石成矿时期距今已有一亿多年，但是它真正走出赤峰山

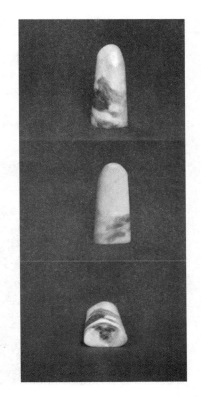

脉，向人们展示其靓丽风采却只有三十多年。

1998年，在香港回归一周年之际，藏石家于占武先生，曾请篆刻家崔连魁篆刻"纪念香港回归一周年纪念玺"，赠送给香港。1999年在澳门回归之际，他又邀请了著名篆刻家刘江篆书印文，制作了一件巨玺"澳门回归祖国纪念玺"，送往澳门，这在国内外引起了轰动。江泽民和老一辈革命家胡耀邦、张爱萍、方毅、谷牧等人的印章料石，都是著名微雕大师朱云青先生用巴林石料篆刻的。据朱

云青先生介绍，他还用巴林石精料为江泽民同志和夫人篆刻了合章。也为前国际奥委会主席萨马兰奇先生篆刻了印章，这些是巴林石的骄傲，也为巴林人增添了无尽的光彩。难怪社会学家费孝通先生，掂量着手中的犀角冻鸡血图章，激动地说"价值连城"，并题"宝玉天生"四个大字。巴林石石质细腻、温润柔和、软硬适中，最适于篆刻印章或雕刻精细的工艺品，是上乘的石料，历来被中外友人所推崇，乃是藏品中的珍品。它多次在国内外参展，誉满东西、名扬四海。巴林石在国际市场上崭露头角以来，一直受到世人关注。1979年在美国举办的中国工艺美术展览中，有7件巴林石展品，备受青睐。巴林石作为石文化的一个代表，内涵丰富，不仅涵盖了赤峰地区远古文明的红山文化、草原青铜文化、契丹辽文化和蒙元文化的深厚底蕴，而且使以精美为特征的石文化，在人类文明的发展史上写下浓墨重彩的一笔。

2001年10月，在上海举办的亚太经合组织国家首脑会议上，筹委会挑选了带有东方文化色彩、富有深远意义的巴林石作为礼物赠送给参会的各国首脑。从此巴林石开始在国内外市场上崭露头角，受到人们的关注。通过玩赏、研究巴林石，在多方位、多角度、多领域中追求、探索、领悟、发掘，吸收多门学科的营养，才能使巴林石文化新蕾开放、姹紫嫣红。

藏石家张源曾经说："艺术不能脱离

时代感情。"石文化的发现和发展是永无止境的。可以肯定的是：人类的发现永无止境，科学与蒙昧的斗争还将进行下去，向公众普及科学技术知识仍是科学工作者和文化工作者的当务之急。

近几年，巴林石的石雕作品两次参加了中国玉雕石雕作品"天工奖"评选。雕刻家刘林阁先生创作的"天鹅壶"获得银奖，"驼龙链章"获铜奖，"蜗牛"获优秀设计奖。微雕艺术家包英志创作的"唐宋八大家"名篇获银奖、"前赤

壁赋"获铜奖。李矛矛先生创作的
"十八罗汉"获铜奖，"秋鸣"获最
佳设计奖。巴林石雕刻艺术方
兴未艾，可以预料，随着文化
艺术的发展，还会出现更丰
硕的成果。

（四）巴林石的保养

对于巴林石的保养，不能一概而论。
对于一些比较老的石料，也就是接近地
表而且已经开采的巴林石，多半内部的
应力已经消失，石性比较稳定，不会开
裂，对于这种石料的保养，平时简单擦拭
即可；对于一些低档次的冻石和彩石，也
不需要特别的保养，只要保持环境较为
湿润即可。

对于收藏性较高的巴林石，最妥帖
的保养办法是封蜡，封蜡所用的蜡是由
70%的黄蜡（又叫蜂蜡）加30%的工业白

蜡合成的。但是用蜡保养的缺点是石头的光泽和内在品质不会完全显露出来，使石头的本色不能淋漓尽致地展现。优点是比较耐久，利于长期保存。方法是将石头加热后封涂蜂蜡即可，其中要注意的是对石头一定要逐步加热，这样内外部热应力差不至于导致暗裂。

另外，对于石性较稳定的巴林石，可以选择每半个月到一个月用液体石蜡（或茶油、娃娃油）涂抹。但是需要注意的是，一些新采的透明的冻石，由于石性不稳，所以切记不要刷油，否则很容易变色，产生变色的周期几天到几个月不等。

一般情况下，巴林石应该存放在阴凉处，最好是放在密闭的透明柜子里，柜子里放上一杯纯净水，保持一定湿度，同时切忌特别冷、特别热和强光照射。巴林石的硬度较低，在保养擦拭的时候，最好用棉花或细软布，不要用纸、刷子等物品，以防产生划痕。

最后需要特别说明的是，对于巴林鸡血石的保养，应该说同巴林石的其他品种没有大的不同。最需要注意的是进行必要的封蜡处理，放置环境应该阴凉干燥。

五、四大名石在今天

玉石乃自然之物，是大自然对人类的美好馈赠。作为"玉石之国"的子民，我们对玉石的喜爱和敬重，对玉石的浓厚情感，是世界上任何一个民族都无法比拟的。人们常说"乱世藏金，盛世藏玉"，和谐社会，玉石自然备受青睐。"中国四大名石"在国内外拥有巨大的市场，其地位和名声如日中天，身价也"与时俱进"，人们对它们的认识不断丰富，爱好日益浓烈，名石与世人的生活联系日益亲密。

收藏石头是祖国文化的一部分，它把雄奇的大自然风貌与精美的石品意趣融为一体，既能赏心悦目、陶冶情操，又有十分可观的经济效益。石头收藏是祖国先进文化的组成部分。

近些年来，人们过分看中石头的经济价值，而忽视了其自身的局限性。毕竟石头是不可再生资源，这些珍贵的石材穷尽属于自然规律，也是早晚的事。所以人们应该保护自然，有节制地开采这些宝贵资源。就在前不久，中国工艺美术协会公布了这样一个坏消息："最新的《全国工艺美术行业普查报告》显示，目前中国大多数传统工艺美术原材料资源都濒临枯竭。'四大名石'中的寿山石、青田石、昌化石、巴林石的储量均已告急。"以巴林石为例，巴林石自1973年建矿开采以来，身价已由1985年的每吨1200元，飙升至眼下的每吨2500万元，由于日渐稀

少，这个价格还在上涨。按现已探明的储量测算，最多只能再开采50年。巴林石是四大名石中开采最晚的，它的情况尚且如此，可以推知寿山石、青田石、昌化石的价格也是在一路走高。据调查，青田石制成的印章，普通品在近几年涨了五倍，精品足足涨了二十倍；而寿山石中的田黄石，在20世纪80年代中期，每50克售价1000元，2000年涨到5万元，现在则是25万元至50万元。

价格的持续飙升，更加促进了采石

者的疯狂开采，导致资源更加匮乏，为了改变这种局面，国家已经采取措施逐步实现对四大名石有节制地开采。例如，寿山地方政府已经把寿山石的开采严格管制起来，福州市国土资源部的地质勘探队，已经开始对整个寿山矿脉进行全面勘探。勘探一直持续至今，在此之前，任何个人或组织均不能上山采石。与此同时，巴林石的开采也被国家规定限制，每年只限开采10吨原石，而且时间限制在5到8月份。但是目前，青田石、昌化石的命运，仍在无节制、无规范的开采中飘摇不定。

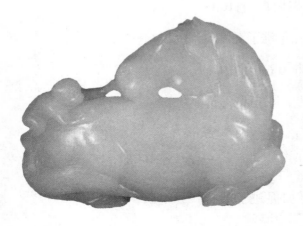

　　的确，就目前来看，限制开采确实是当务之急，可是，像寿山石、巴林石的根是保住了，对于工艺美术行业来说，某种材料源的断绝，则几乎是致命的。沿袭了千年的雕刻工艺，虽然可以更换新材料，但也难免陷入尴尬境地。拿寿山石来说，寿山石没了，技艺人员可能改为雕刻长白石，但是长白石与寿山石在石质、文化概念、艺术价值上大有不同，雕刻的手法也不同。从某种程度上说，到了那一天，与"寿山石"直接关联的雕刻技法，实际上也将不存于世。就像象牙和牛骨，虽然都属于骨质，但是在雕刻技艺上还是不同的。象牙有韧性，它的纤维长；牛骨没有纤维，里面是蜂窝状的，很脆，容易断。如果同样雕刻一条飘带，用象牙就能雕出飘逸的感觉，但用牛骨就可能碎掉，难以实现。资源的保护是必需的，而技艺的传承也是不能忽略的。

为了保护这些珍贵的不可再生资源，使我们的后代能够看到这些精美绝伦的艺术品，国家工艺美术协会建议在未来的开采中，国家只授权一家正规单位进行开采，开采出的石料，不能再像以前那样，散落到大大小小的工艺品作坊

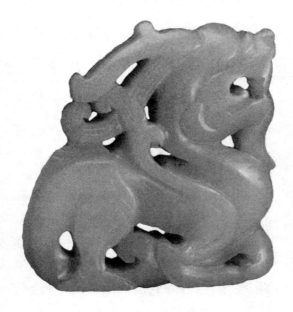

或工厂里进行加工，也不能再制作成普通的小挂件或旅游纪念品，进入市场销售。有关部门应该把这些宝贵的资源，交到各地工艺美术协会推荐的、比较有水平的工艺品大师或工艺团体手中，让他们雕刻出可以传世的佳作，并放进国家级的博物馆陈列与收藏。这种做法，一方面可以断绝与滥采直接挂钩的利益驱动，使珍贵石材逐渐退出商品市场的暴利炒作；另一方面也可以真正实现这些艺术品的艺术价值，让这些传统的雕刻技艺可以流传下去。

人们常说："好钢要用在刀刃上。"在四大名石的资源日益匮乏的今天，这或许可以称为最科学的解决方式。